사이언스 리더스

밤하늘로 본 우주

스테퍼니 워런 드리머 지음 | 김아림 옮김

비룡소

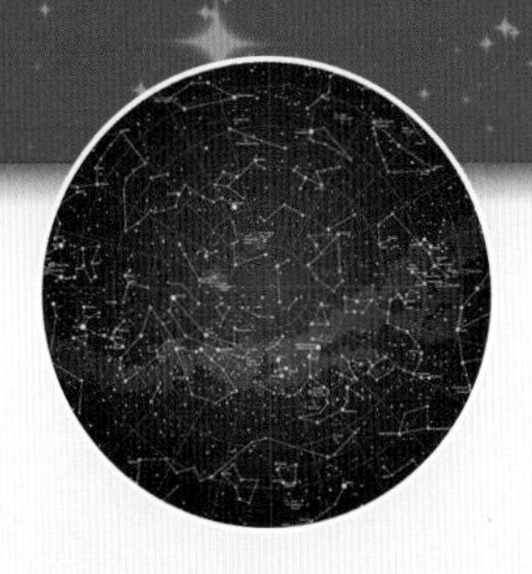

스테파니 워런 드리머 지음 | 뉴욕 대학교에서 과학 저널리즘을 전공했으며, 어린이 과학책을 쓰고 있다. 우주의 가장 이상한 장소부터 쿠키의 화학, 인간 뇌의 신비 등 어린이를 위한 다양한 주제로 책과 기사를 쓴다.

김아림 옮김 | 서울대학교에서 공부하고 같은 대학원 과학사 및 과학철학 협동 과정에서 석사 학위를 받았다. 출판사에서 과학책을 만들다가 지금은 책 기획과 번역을 하고 있다.

이 책은 미국 외계지적생명탐사 연구소 양자 천체 물리학 수석 연구원
로렌스 R. 도일 박사와 메릴랜드 대학교의 독서교육학 명예 교수
마리엄 장 드레어가 감수하였습니다.

내셔널지오그래픽 키즈 사이언스 리더스
LEVEL 2 밤하늘로 본 우주

1판 1쇄 찍음 2025년 1월 20일 **1판 1쇄 펴냄** 2025년 2월 20일
지은이 스테파니 워런 드리머 **옮긴이** 김아림 **펴낸이** 박상희 **편집장** 전지선 **편집** 유채린 **디자인** 김연화
펴낸곳 (주)비룡소 **출판등록** 1994.3.17.(제16-849호) **주소** 06027 서울시 강남구 도산대로1길 62 강남출판문화센터 4층
전화 02)515-2000 **팩스** 02)515-2007 **홈페이지** www.bir.co.kr **제품명** 어린이용 반양장 도서 **제조자명** (주)비룡소
제조국명 대한민국 **사용연령** 3세 이상 **ISBN 978-89-491-6919-4 74400 / ISBN 978-89-491-6900-2 74400 (세트)**

NATIONAL GEOGRAPHIC KIDS READERS LEVEL 2
NIGHT SKY by Stephanie Warren Drimmer

사진 저작권 Cover (CTR), Landolfi Larry/Getty Images; header (UP), Deniss Ivenkovs/Shutterstock; vocab (THROUGHOUT), Oleksandr Yuhlchek/Shutterstock; 1 (CTR), YouraPechkin/Getty Images; 2 (UP), Shooarts/Shutterstock; 3 (LO RT), Torian/Shutterstock; 4-5 (CTR), Andrey Prokhorov/Shutterstock; 6 (LO), Rolf Nussbaumer Photography/Alamy Stock Photo; 7 (UP), Quaoar/Shutterstock; 8 (CTR), Mihai Andritoiu/Alamy Stock Photo; 9 (UP), Dannyphoto80/Dreamstime; 10 (UP), Andrew McInnes/ Alamy Stock Photo; 11 (UP), Jerry Schad/Science Source; 11 (LO), fluidworkshop/Shutterstock; 12-13 (CTR), Novarc Images/Alamy Stock Photo; 14 (UP), vchal/Shutterstock; 15 (LO), Library of Congress/Science Photo Library; 16 (UP), isak55/ Shutterstock; 17 (CTR), 2 (UP), Shooarts/Shutterstock; 18 (UP), Jurik Peter/Shutterstock; 18 (CTR), CFimages/Alamy Stock Photo; 18 (LO), Torian/ Shutterstock; 19 (UP), Triff/Shutterstock; 19 (CTR LE), Ditty_about_summer/Shutterstock; 19 (CTR RT), creativemarc/Shutterstock; 19 (LO), Andrey Armyagov/Shutterstock; 20-21 (CTR), Atlas Photo Bank/Science Source; 22 (UP), Walter Pacholka, Astropics/Science Source; 23 (LO), David Aguilar; 24-25 (CTR), Laurent Laveder/Science Photo Library; 26-27 (LO), BSIP/Science Source; 27 (UP), John Davis/Stocktrek Images/Science Source; 28 (LE), NASA; 30 (UP), godrick/Shutterstock; 30 (CTR), Detlev van Ravenswaay/Science Source; 30 (LO), Allexxandar/Shutterstock; 31 (UP), Atlas Photo Bank/Science Source; 31 (CTR RT), Frank Zullo/Science Source; 31 (CTR LE), BSIP/Science Source; 31 (LO), John R. Foster/Science Source; 32 (UP LE), Detlev van Ravenswaay/Science Photo Library; 32 (UP RT), Andrey Prokhorov/Shutterstock; 32 (CTR LE), Andrew McInnes/Alamy Stock Photo; 32 (CTR RT), BSIP/Science Source; 32 (LO LE), vchal/Shutterstock; 32 (LO RT), Andrey Armyagov/Shutterstock

이 책의 차례

하늘을 올려다봐!

해가 지고 나면, 밝게 빛나는 점들이
밤하늘을 가득 채워.

그중에는 움직이는 것도 있고, 그 자리에
가만히 있는 것도 있어. 반짝거리는 것도
있고, 그렇지 않은 것도 있지.

Q 우주에서 제일 유명한 접시는? | 비행접시 A

너도 밤하늘을 올려다본 적이 있지? 하늘을 가득 채운 점들이 무엇인지 궁금하지 않았니?

지구를 맴도는 달

밤하늘을 살펴보면 다른 어떤 별들보다도 크고 밝은 무언가가 하나 눈에 띌 거야. 그래, 우리가 잘 아는 **달**이야!

달은 지구 주위의 **궤도**를 도는 둥근 바윗덩어리야. 그런데 왜 달만 유독 크고 밝게 보이는 걸까? 그건 바로 달과 지구의 거리가 약 38만 킬로미터밖에 되지 않아서야.

다른 별들에 비해 무척 가까운 거리지.

밤하늘 용어 풀이

궤도: 행성이나 달이 태양이나 다른 행성을 돌면서 그리는 타원 모양의 길.

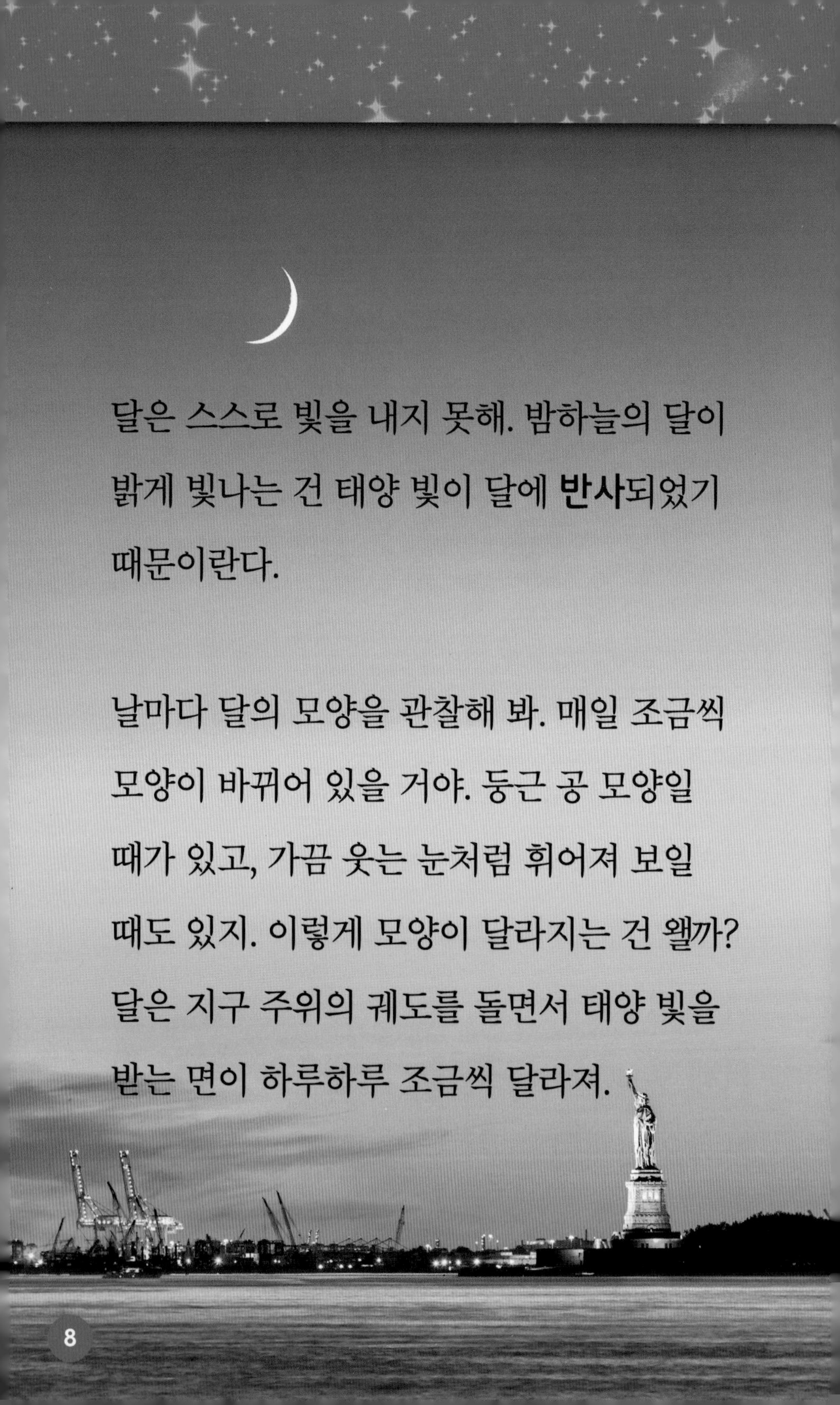

달은 스스로 빛을 내지 못해. 밤하늘의 달이 밝게 빛나는 건 태양 빛이 달에 **반사**되었기 때문이란다.

날마다 달의 모양을 관찰해 봐. 매일 조금씩 모양이 바뀌어 있을 거야. 둥근 공 모양일 때가 있고, 가끔 웃는 눈처럼 휘어져 보일 때도 있지. 이렇게 모양이 달라지는 건 왤까? 달은 지구 주위의 궤도를 돌면서 태양 빛을 받는 면이 하루하루 조금씩 달라져.

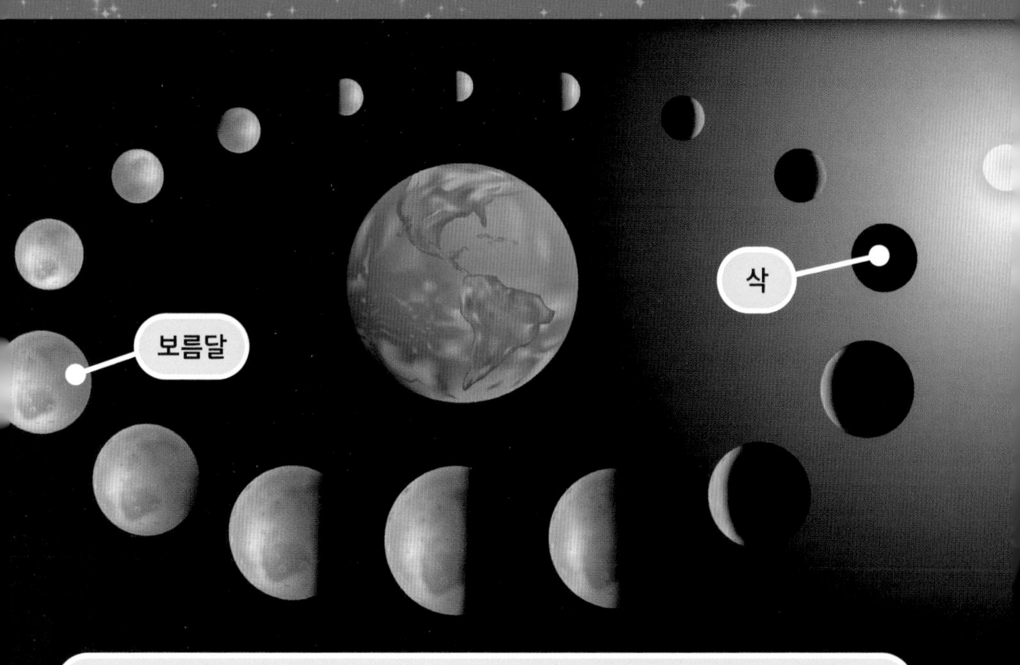

달이 궤도를 한 바퀴 도는 데는 한 달 정도 걸려. 이사이에 달과 지구가 마주한 면이 태양 빛에 반사되어 완전히 드러나면 '보름달'이 돼. 반대로, 지구와 마주하지 않은 반대 면이 태양 빛을 받을 땐 달이 보이지 않는 '삭'이 되지.

그래서 지구에서는 달의 모양이 매일 바뀌는 것처럼 보이지. 사실 달은 늘 둥근데 말이야.

밤하늘 용어 풀이

반사: 빛 같은 것이 똑바른 방향으로 나아가다가 다른 물체에 부딪혀 방향을 바꾸는 것.

오스트레일리아 퍼스에서 본 월식

밤하늘 용어 풀이

월식: 달이 지구 그림자에 전부 혹은 부분이 가려지는 현상.

달이 지구 주위를 돌다가 태양, 지구, 달 순서로 나란히 놓일 때가 있어. 이때 태양 빛을 받은 지구 반대편에 그림자가 생기면서 달이 지구의 그림자에 가려지게 되지. 그럼 달이 어두운 주황빛으로 보이는데, 이 현상을 **월식**이라고 해.

Q 세상에서 가장 달콤한 별은?

A 별사탕

미국 오리건주 북부에서 관찰한 일식

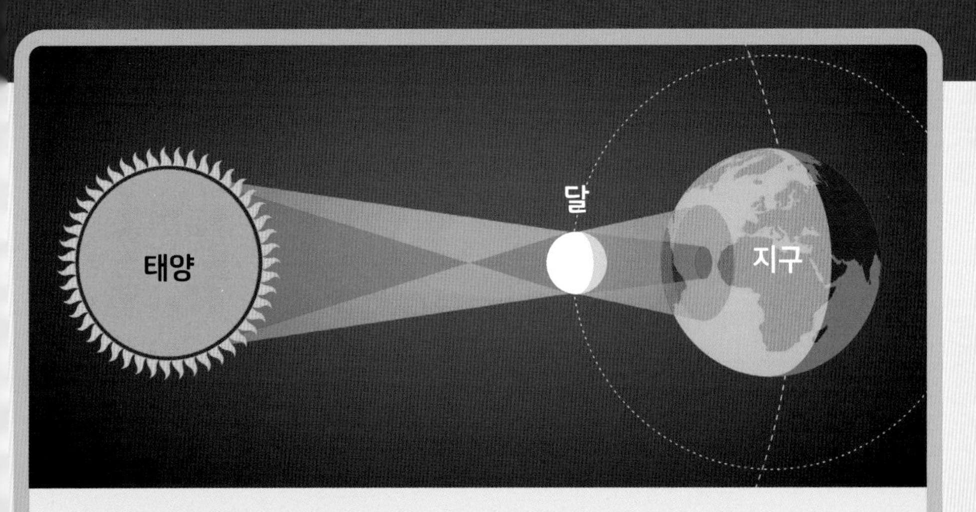

특별한 우주 쇼, 일식

'월식' 말고 '일식'이라는 현상도 있어. 일식은 태양-달-지구의 순서로 나란히 늘어설 때 달이 태양을 가리는 현상이야. 달이 지구의 몇몇 지역에 닿는 태양 빛을 가로막아서 그 지역에서는 마치 태양이 어두워지는 것처럼 보여.

반짝반짝 빛나는 별

맑은 날 밤이면 하늘은 조그맣게 반짝이는 빛으로 가득해. 우주의 수많은 별들이 내는 빛이지. 별은 **항성**이라고도 해.

별은 아주 뜨겁고 거대한 기체 덩어리야. 하지만 우리와 멀리 떨어져 있어서 무척 작아 보이지.

하늘의 별을 바라보면 빛이 깜박이는 것처럼 보여. 왜 그럴까? 지구의 **대기**는 끊임없이 움직이고 여러 층으로 이루어져 있어. 그래서 별빛이 대기의 여러 층을 지날 때마다 휘어서 꺾이게 되지. 그러면서 빛의 방향이 바뀔 때마다 밝아졌다 어두워졌다 하는 거야.

밤하늘 용어 풀이

항성: 우주에서 스스로 빛을 내는 거대한 기체 덩어리.

대기: 지구 주위를 둘러싸고 있는 여러 기체.

밤하늘에 무리 지어 있는 별들을 이어 보면 여러 가지 모양을 떠올릴 수 있을 거야. 그 모양에 사람이나 동물, 물건의 이름을 붙인 것을 **별자리**라고 해.

사람들은 먼 옛날부터 밤하늘의 별자리를 관찰했어. 선원들은 배를 타고 바다를 건너면서 별자리를 보고 방향을 찾았어. 이야기꾼들은 별자리 속 동물이나 인물의 이야기를 지어내서 사람들에게 들려주었지.

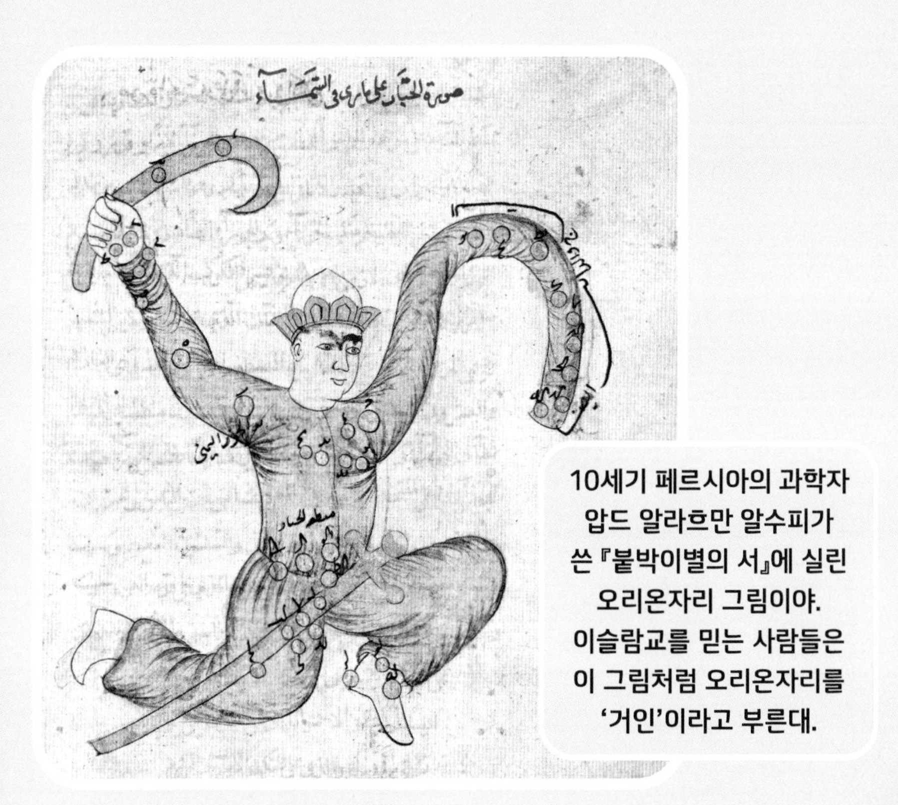

10세기 페르시아의 과학자 압드 알라흐만 알수피가 쓴 『붙박이별의 서』에 실린 오리온자리 그림이야. 이슬람교를 믿는 사람들은 이 그림처럼 오리온자리를 '거인'이라고 부른대.

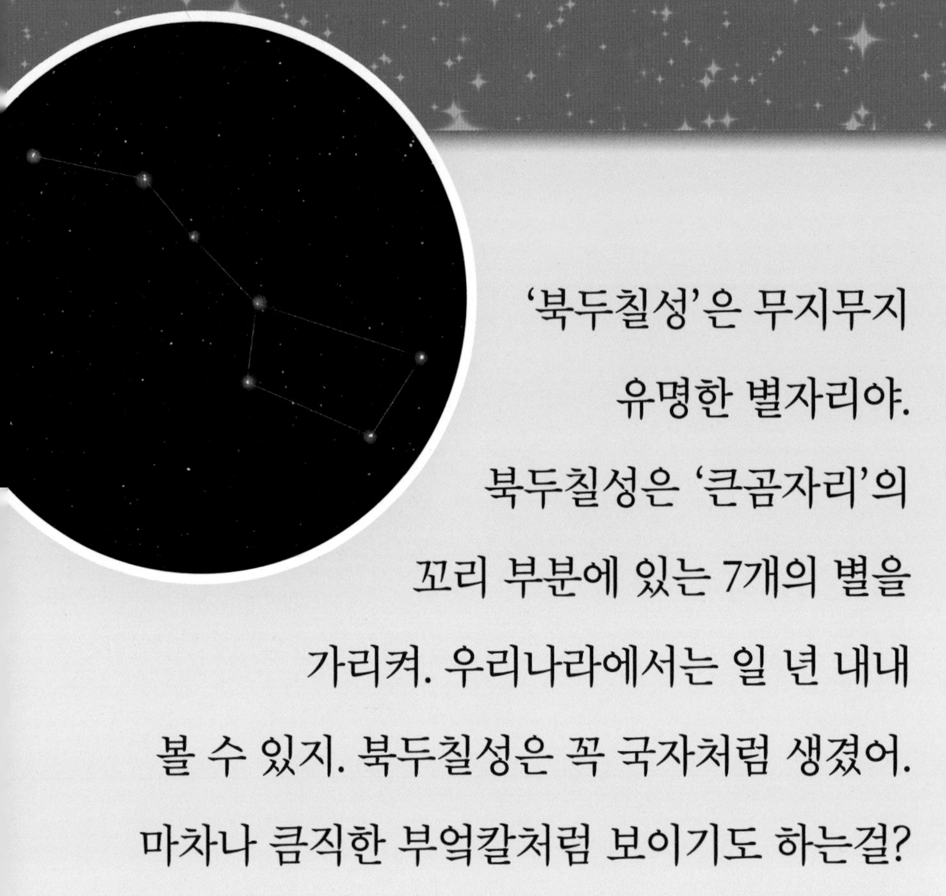

'북두칠성'은 무지무지 유명한 별자리야. 북두칠성은 '큰곰자리'의 꼬리 부분에 있는 7개의 별을 가리켜. 우리나라에서는 일 년 내내 볼 수 있지. 북두칠성은 꼭 국자처럼 생겼어. 마차나 큼직한 부엌칼처럼 보이기도 하는걸? 너는 어떤 모양처럼 보여?

별 관찰하는 법

- 맑은 날을 고른다.
- 도시의 밝은 불빛이 있는 곳을 피해 장소를 고른다.
- 담요를 챙겨서 밤하늘이 가장 잘 보이는 곳에 편안하게 누워 관찰한다.

별자리를 찾고 싶니? 별자리표나 스마트폰의 별자리 찾기 앱을 사용하면 도움이 될 거야!

7 우주에 관한 가지 신비한 사실

1

천체 망원경으로 별을 자세히 들여다보면, 별마다 색깔이 다르다는 걸 알 수 있어.

2

매달 지구로 떨어지는 우주 먼지와 암석은 올림픽 경기 수영장을 가득 채울 정도로 많아!

3

목성에는 90개가 넘는 위성이 있어. 행성 주위를 도는 얼음이나 암석 덩어리를 '위성'이라고 해.

4

수많은 별들이 지구에서 엄청나게 멀리 떨어져 있어. 별빛이 지구에 닿기까지 수백만 년이 걸릴 정도지.

5

만약 우리가 자동차를 타고 태양까지 갈 수 있다면, 도착하기까지 170년이 넘게 걸릴 거야!

6

우주는 몇 살이게? 무려 138억 살이야!

7

밤하늘에 유난히 밝게 빛나는 별은 사실 별이 아니라 인공위성일 수 있어.

밤하늘 용어 풀이

인공위성: 방송, 통신, 기상 등의 정보를 얻기 위해 지구에서 쏘아 올린 물체.

태양과 우리은하

모르는 사람이 없는 별이 하나 있어.

바로 **태양**이야.

태양과 태양 주위를 도는 모든 행성들은

우리은하 안에 있어. 은하가 뭐냐고?

은하는 엄청나게 많은 별과 행성이

서로의 **중력**으로 이끌려 함께

모여 있는 거야. 우리은하는

우주에 있는 수없이 많은

은하 중에 하나지.

밤하늘 용어 풀이

중력: 물체가 서로 잡아 당기는 힘.

나선: 소라 껍데기처럼 빙빙 비틀린 모양.

우리은하에는 약 4000억 개나 되는 별이 있어.
이 별들은 아래 그림처럼 나선 모양을 이루어.

우리는
여기쯤에 있어!

아주 맑은 날 밤에는 하늘에서 우리은하의 한 부분을 볼 수도 있어. 밤하늘을 가로지르며 뻗어 있는 넓은 안개 띠처럼 보이지. 우리는 이걸 **은하수**라고도 불러.

날아다니는 유성과 혜성

맑은 날 밤에 한 시간 정도 하늘을 바라보고 있으면, 별똥별 두세 개는 볼 수 있어.

별똥별을 본 적 있니? 빛줄기처럼 보이는 별똥별은 사실 별이 아니야. 우주에서 지구로 떨어지는 바윗덩어리, **유성**이지! 우주 암석이 지구 대기 안에 들어와 빠르게 타오르면서 밝은 빛줄기를 뿜어내는 유성이 되는 거야.

Q 패션에 관심이 많은 별은?

A 패셔니스타

아주 가끔 밤하늘에서 긴 꼬리가 달린 별 같은 것도 볼 수 있어. 바로 **혜성**이야. 밤하늘을 꾸준히 관찰하다 보면, 언젠가 긴 꼬리를 끌며 하늘을 가로지르는 혜성을 만날 수 있을 거야.

혜성은 태양 주위를 도는 얼음과 먼지 덩어리야. 폭이 수 킬로미터는 될 만큼 꽤 크지. 태양과 가까워지면 태양의 열기 때문에 얼음이 녹아 혜성 밖으로 나가면서 긴 꼬리가 생겨.

행성을 찾아라!

목성

밤하늘의 별은 반짝이며 빛나. 하지만 가끔 밝게 빛나지만 반짝거리지는 않는 점도 볼 수 있을 거야. 그런 것들은 별이 아니라 **태양계**의 **행성**들이야. 행성은 별보다 환하게 보여. 행성은 우주에서 별 주위를 빙글빙글 돌아. 암석이나 금속, 기체로 이루어져 있고

태양계: 태양과 그 주위를 도는 모든 것.

둥근 모양이지. 행성은 스스로 빛을 내지 못해. 자기가 돌고 있는 별에서 나오는 빛을 반사해서 밝게 보일 뿐이야. 달이 태양 빛을 반사해 빛나듯이 말이야.

금성

태양계 행성들은 다른 별들보다 지구 가까이에 있기 때문에 반짝거리지 않아. 하나의 큰 빛으로 보일 뿐이야.

태양계에는 지구 말고도 태양 주위를 도는 7개의 행성이 있어. 몇몇은 밤에 맨눈으로도 볼 수 있지. 지구에서 볼 때 **금성**이 가장 밝고, 그다음으로는 **목성**이 밝아. **화성**은 붉은색을 띠지. **수성**과 **토성**도 맑은 날에 맨눈으로 볼 수 있어.

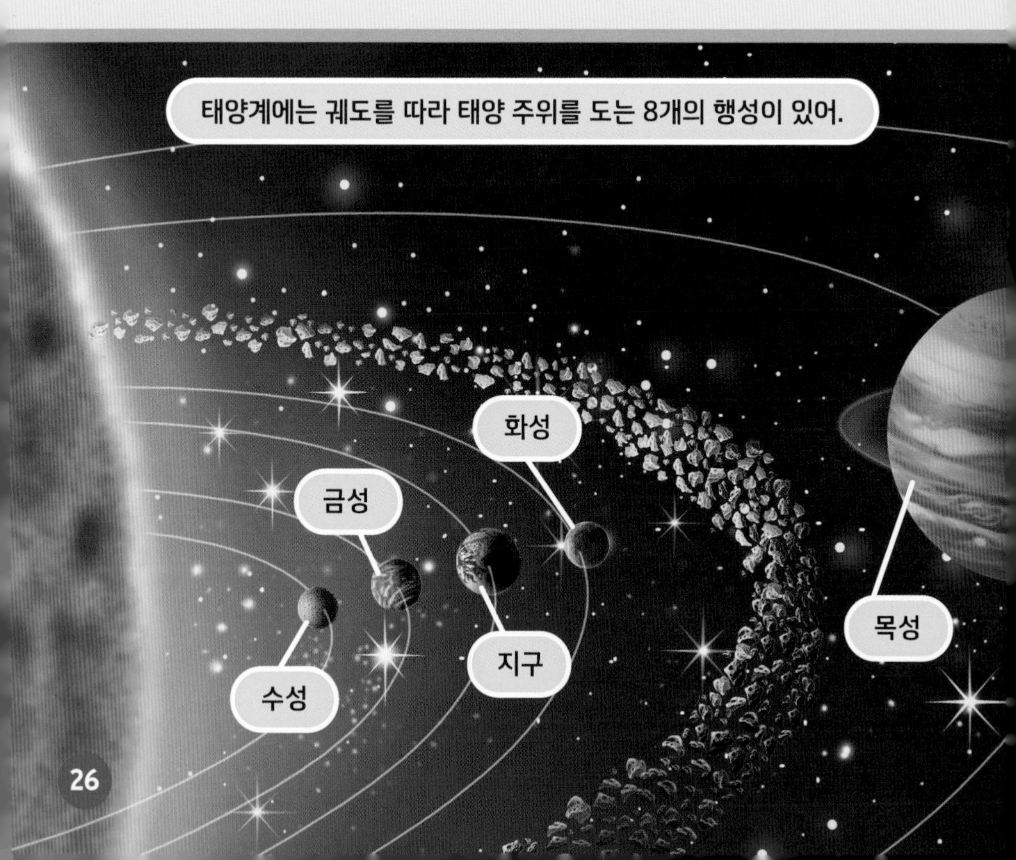

우리나라 곳곳에 있는 천문대에 가면 이렇게
큰 천체 망원경으로 밤하늘을 관찰할 수 있어.

하지만 **천왕성**과 **해왕성**은 지구와 멀리
떨어져 있어서 맨눈으로는 보이지 않아.
관찰하려면 천체 망원경이 필요해.

지구 너머 세상

과학자들은 사람이 직접 가기 어려운 우주에 로봇을 대신 보내기도 해. 미국의 탐사 로봇 '큐리오시티'는 2012년부터 화성에서 조사 중이야. 큐리오시티는 지금도 화성 곳곳을 돌며 사진을 찍고, 물이나 생명체의 흔적을 찾고 있어.

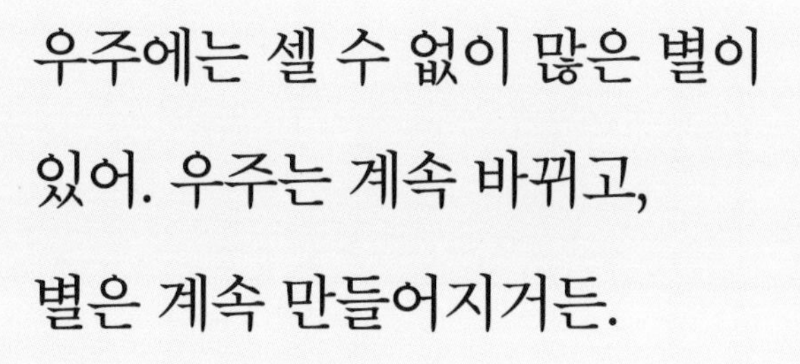

우주에는 셀 수 없이 많은 별이 있어. 우주는 계속 바뀌고, 별은 계속 만들어지거든.

별들 가운데 약 절반 정도에는 태양처럼 행성이 딸려 있어. 과학자들은 이 많은 행성 중 적어도 하나쯤은 지구처럼 생명체가 살고 있을 거라고 생각해. 외계 생명체 말이야!

어쩌면 우리가 밤하늘을 볼 때, 그쪽에 있는 무언가도 우리를 보고 있을지 몰라!

도전! 우주 박사

우주에 대해 얼마나 알게 되었는지 아래 퀴즈를 풀면서 확인해 보자. 정답은 31쪽 아래에 있어.

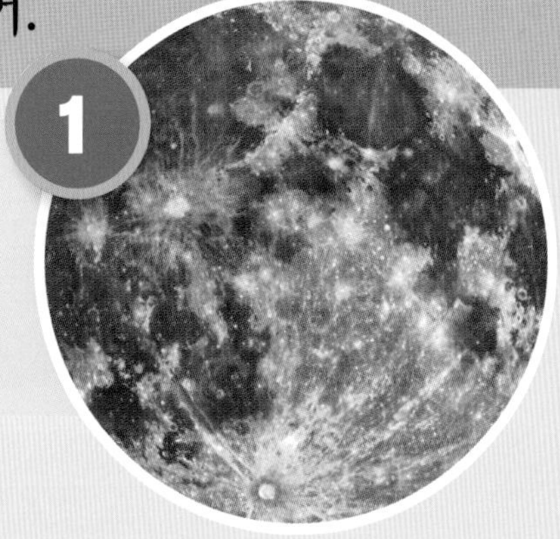

1

달에 대한 설명으로 틀린 것은?
A. 지구 주위를 돈다.
B. 지구와의 거리가 약 38만 킬로미터다.
C. 지구에서 볼 때는 계속 모양이 바뀐다.
D. 스스로 빛을 낸다.

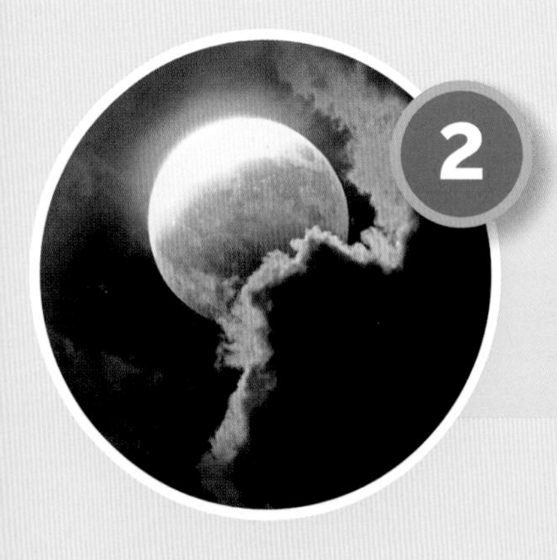

2

월식일 때 달의 색깔은?
A. 밝은 흰색
B. 연한 초록색
C. 어두운 주황색
D. 밝은 푸른색

3

북두칠성의 모양은 다음 중 어떤 것과 닮았어?
A. 국자
B. 마차
C. 부엌칼
D. 위의 세 가지 전부 다

4

우리은하의 모양은?

A. 세모

B. 나선

C. 네모

D. 별

5

별을 잘 보고 싶다면 어떻게 해야 할까?

A. 가로등이 밝게 빛나는 곳을 찾는다.

B. 구름이 가득 낀 흐린 날 밤을 고른다.

C. 미세 먼지가 많은 날에 관찰한다.

D. 도시의 불빛이 없는 컴컴한 곳으로 간다.

6

다음 중 맨눈으로 관찰할 수 없는 행성은?

A. 해왕성

B. 금성

C. 화성

D. 목성

7

우주에 대한 설명으로 옳은 것은?

A. 별은 노란색이다.

B. 목성에는 위성이 없다.

C. 우주의 나이는 약 138억 살이다.

D. 별빛은 금방 지구에 닿는다.

정답: 1. D, 2. C, 3. D, 4. B, 5. D, 6. A, 7. C

대기
지구 주위를 둘러싸고 있는 여러 기체.

항성
우주에서 스스로 빛을 내는 거대한 기체 덩어리.

월식
달이 지구 그림자에 전부 혹은 부분이 가려지는 현상.

태양계
태양과 그 주위를 도는 모든 것.

별자리
별들을 이어서 사람이나 동물, 물건의 이름을 붙인 것.

인공위성
방송, 통신, 기상 등의 정보를 얻기 위해 지구에서 쏘아 올린 물체.